いくつと いくつ

5, 6, 7, 8, 9, 10は, いくつと いくつに わけられるかを かんがえよう。

今日のせいせき
まちがいが
0~2こ よくできたね!
3~5こ できたね
6こ~ がんばれ

1 5は いくつと いくつですか。□に あう かずを かきましょう。

5 …… 💩💩💩💩💩

① 5は, 1と 4　　② 5は, 2と ☐

③ 5は, 3と ☐　　④ 5は, 4と ☐

2 10は いくつと いくつですか。□に あう かずを かきましょう。

10 …… 💩💩💩💩💩💩💩💩💩💩

① 10
1　9

② 10
2　☐

③ 10
3　☐

④ 10
4　☐

⑤ 10
5　☐

⑥ 10
6　☐

⑦ 10
7　☐

⑧ 10
8　☐

⑨ 10
9　☐

 **3** つぎの かずは, いくつと いくつですか。
　☐に あう かずを かきましょう。

① 9は, 8と ☐1☐　② 6は, 2と ☐　③ 8は, 3と ☐

④ 9は, 5と ☐　⑤ 7は, 1と ☐　⑥ 8は, 6と ☐

⑦ 9は, 2と ☐　⑧ 6は, 3と ☐　⑨ 7は, 4と ☐

⑩ 9は, 3と ☐　⑪ 10は, 8と ☐　⑫ 8は, 1と ☐

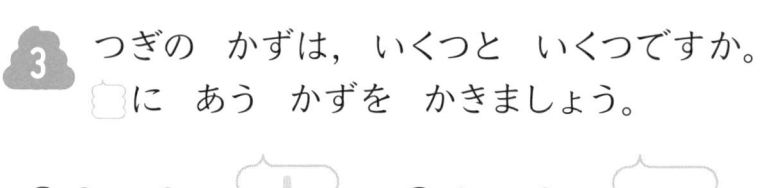
テストに 出る うんこ

めざせオリンピック!!
せかいの うんこスポーツ

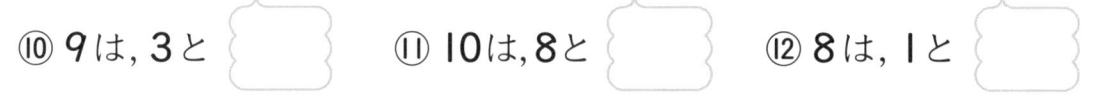
ボールの かわりに うんこを なげるよ!

うんこ
ドッジボール

1

今日のせいせき
まちがいが

0~2こ
よくできたね！

3~5こ
できたね

6こ～
がんばれ

10までの ひきざん①

いくつから いくつを ひくのか，はじめの うちは
うんこの かずで かんがえながら けいさんしよう。

1 ひきざんを しましょう。

① 5－2＝ 3

② 4－1＝ ▢

③ 5－3＝ ▢

④ 3－2＝ ▢

⑤ 4－3＝ ▢

⑥ 4－2＝ ▢

⑦ 5－4＝ ▢

2 ひきざんを しましょう。

① 8－3＝ 5

② 7－4＝ ▢

③ 9－1＝ ▢

④ 6－4＝ ▢

⑤ 8－5＝ ▢

3 ひきざんを しましょう。

① 3 − 1 = 2　　② 8 − 4

③ 6 − 2　　④ 2 − 1

⑤ 7 − 3　　⑥ 9 − 4

⑦ 8 − 1　　⑧ 6 − 3

⑨ 7 − 5　　⑩ 5 − 1

⑪ 9 − 5　　⑫ 6 − 5

うんこ文章題に
チャレンジ！
1

うんこが 8だん つみかさなって います。
権田原先生が, 2だん けりとばしました。
のこった うんこは, なんだん ありますか。

しき

こたえ＿＿＿＿＿ だん

10までの ひきざん②

ある かずから 0を ひくと,こたえは ある かずだよ。
また,ある かずから おなじ かずを ひくと,こたえは 0だよ。

1 ひきざんを しましょう。

① 8 − 6 = 2

② 7 − 6 =

③ 9 − 6 =

④ 9 − 8 =

⑤ 9 − 7 =

2 ひきざんを しましょう。

① 6 − 0 = 6

② 4 − 4 = 0

③ 7 − 7 =

④ 9 − 0 =

⑤ 5 − 0 =

⑥ 3 − 3 =

⑦ 8 − 0 =

⑧ 2 − 0 =

⑨ 9 − 9 =

⑩ 1 − 1 =

5

3 ひきざんを しましょう。

① $10 - 3 =$ 7

② $10 - 6 =$ 　　　③ $10 - 8 =$

④ $10 - 5 =$ 　　　⑤ $10 - 1 =$

⑥ $10 - 2 =$ 　　　⑦ $10 - 4 =$

⑧ $10 - 9 =$ 　　　⑨ $10 - 7 =$

うんこ文章題に
チャレンジ！
2

10本の ゆびに うんこを 1こずつ
つきさして ねました。ねて いる あいだに，
6こ とれました。あさ おきた とき，
ゆびに ささって いた うんこは なんこですか。

しき

こたえ ＿＿＿＿＿ こ

4

10までの ひきざん③

いくつから いくつを ひくのかが わからなかったら，
うんこを かいて かんがえよう。

今日のせいせき
まちがいが

0〜2こ
よくできたね！

3〜5こ
できたね

6こ〜
がんばれ

1 ひきざんを しましょう。

① 3 − 2 =

② 9 − 3

③ 7 − 4

④ 8 − 2

⑤ 5 − 2

⑥ 4 − 3

⑦ 10 − 8

⑧ 5 − 5

⑨ 7 − 6

⑩ 4 − 1

⑪ 2 − 0

⑫ 9 − 7

⑬ 7 − 1

⑭ 5 − 3

⑮ 10 − 5

⑯ 6 − 0

⑰ 9 − 2

⑱ 6 − 1

⑲ 8 − 6

⑳ 9 − 9

㉑ 10 − 3

㉒ 7 − 2

うんこ先生からの

ちょうせんじょう 1

~かずの めいろ~

10から 1ずつ かずを 小さく して, ゴールまで いこう。

スタート

1ずつ ひいて
いくのじゃ。

10

9 8 7 8

7 5 6 5

3 4 1 2

2 3 2 1

きみは ゴール
できたかのう?

0

ゴール

1 7は いくつと いくつですか。□に あう かずを かきましょう。

〈1つ 2てん〉

7 …… 💩💩💩💩💩💩💩

① 7 / 1 □
② 7 / 4 □
③ 7 / 5 □

④ 7 / 2 □
⑤ 7 / 6 □
⑥ 7 / 3 □

2 10は いくつと いくつですか。□に あう かずを かきましょう。

〈1つ 2てん〉

① 10は, 3と □   ② 10は, 8と □   ③ 10は, 1と □

④ 10は, 4と □   ⑤ 10は, 5と □   ⑥ 10は, 9と □

⑦ 10は, 6と □   ⑧ 10は, 7と □   ⑨ 10は, 2と □

3 こたえが 3に なる しきを すべて
えらび, ☐に ○を かきましょう。

〈ぜんぶ できて 10てん〉

| 7 − 3 | 10 − 7 | 5 − 3 | 8 − 5 |

☐ ☐ ☐ ☐

4 ひきざんを しましょう。

〈1つ 2てん〉

① 6 − 4 ② 2 − 1 ③ 10 − 5

④ 8 − 4 ⑤ 5 − 4 ⑥ 4 − 2

⑦ 9 − 5 ⑧ 3 − 3 ⑨ 7 − 0

⑩ 7 − 2 ⑪ 3 − 1 ⑫ 3 − 0

⑬ 9 − 8 ⑭ 6 − 3 ⑮ 10 − 4

⑯ 6 − 6

5 つぎの 「せかいの うんこスポーツ」の
名まえを ☐に かきましょう。

〈28てん〉

こたえ
うんこ

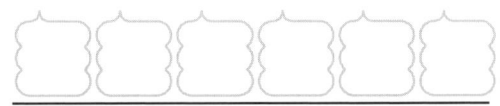

２０までの かず

💩 10より 大きい かずだよ。「10と いくつ」で
かんがえると, わかりやすいよ。

1 うんこの かずを ☐に かきましょう。

① 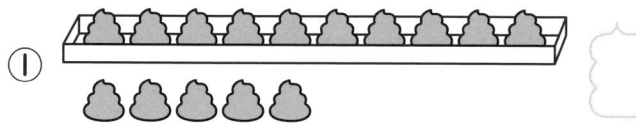 ☐

_____

② ☐

2 ☐に あう かずを かきましょう。

① 10と 3で, 13

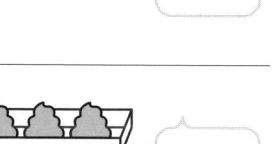 と 💩💩💩

② 10と 6で, ☐   ③ 11は, 10と ☐

④ 14は, ☐ と 4   ⑤ 17は, 10と ☐

⑥ 20は, ☐ と 10

まちがえた もんだいは,
できるように なるまで やりなおすのじゃ。

3 下の かずのせんを つかって， □に あう かずを かきましょう。

```
0  1  2  3  4  5  6  7  8  9  10 11 12 13 14 15 16 17 18 19 20
├──┼──┼──┼──┼──┼──┼──┼──┼──┼──┼──┼──┼──┼──┼──┼──┼──┼──┼──┼──┤
```

① 10より 3 大きい かずは 13

② 15より 4 大きい かずは □

③ 18より 8 小さい かずは □

④ 20より 2 小さい かずは □

テストに出るうんこ

めざせオリンピック!!
せかいのうんこスポーツ

2

大きな うんこを とびこえろ！

うんこはなけとび

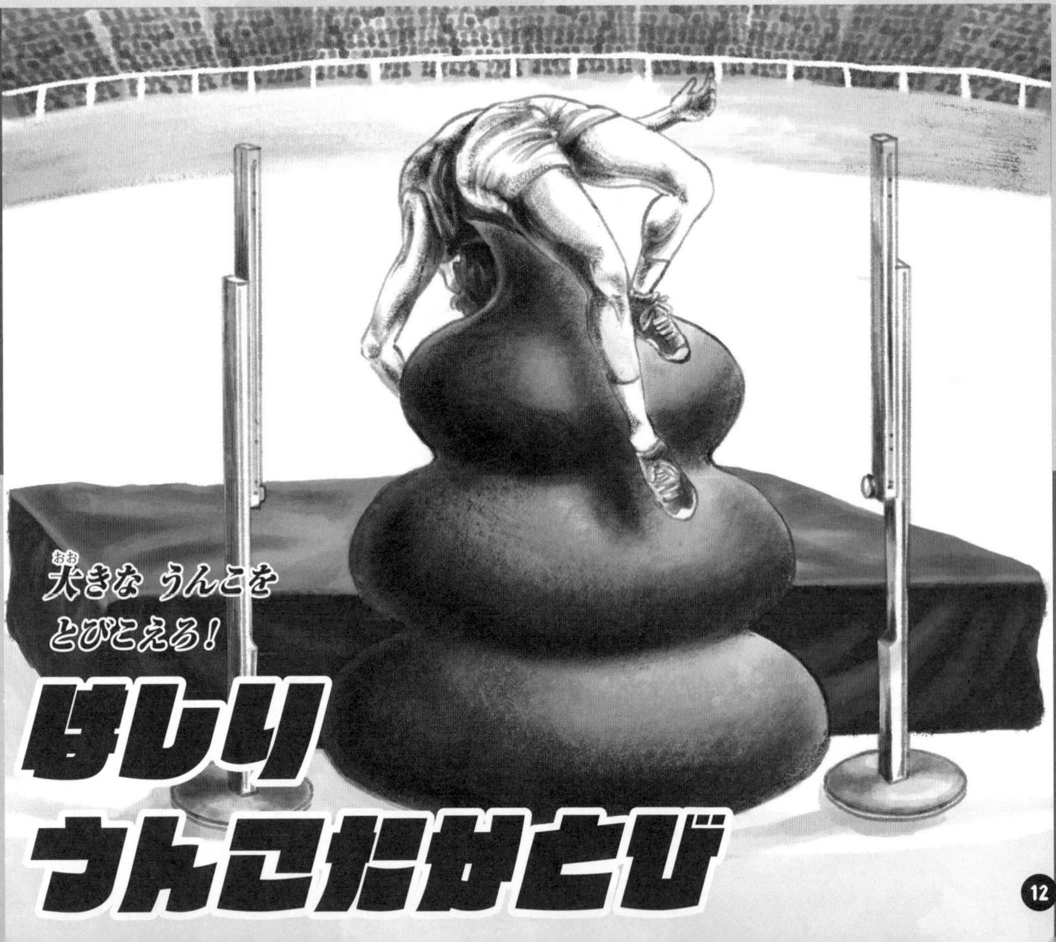

WORLD UNKO SPORTS

12

すこし 大きい
かずの ひきざん①

10より 大きい かずの ひきざんは,「10と いくつ」に
わけてから かんがえよう。

1 ひきざんを しましょう。

① 13 − 3 = 10   13を 10と 3に わける。

3を とって, のこりは 10。

② 15 − 5 =   ③ 18 − 8 =

④ 11 − 1 =   ⑤ 17 − 7 =

2 ひきざんを しましょう。

15を 10と 5に わける。

① 15 − 3 = 12

5から 3を とって 2。10と 2で 12。

② 14 − 3 =   ③ 19 − 6 =

④ 16 − 1 =   ⑤ 17 − 5 =

3 ひきざんを しましょう。

① 14－4 ＝ 10

② 18－1

③ 13－1

④ 19－3

⑤ 15－1

⑥ 16－6

⑦ 18－3

⑧ 18－5

⑨ 14－2

⑩ 12－2

⑪ 19－5

⑫ 15－2

うんこ文章題に
チャレンジ！
3

ハヤブサが ものすごい はやさで とびながら，
うんこを 16こ おとして いきました。そのうち，
4こを 権田原先生が キャッチして，のこりは
じめんに おちました。おちた うんこは なんこですか。

しき

こたえ ＿＿＿＿＿ こ

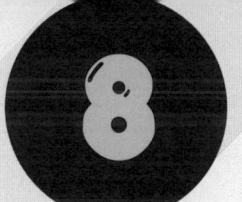

すこし 大きい かずの ひきざん②

まちがえた けいさんは，できるように なるまで やりなおそう。

🟦 ひきざんを しましょう。

① 16－6 ＝ 10

② 12－2

③ 15－4

④ 19－7

⑤ 17－2

⑥ 18－4

⑦ 19－9

⑧ 14－1

⑨ 18－2

⑩ 15－5

⑪ 17－6

⑫ 19－2

⑬ 18－8

⑭ 17－1

⑮ 19－1

⑯ 13－2

⑰ 16－2

⑱ 14－4

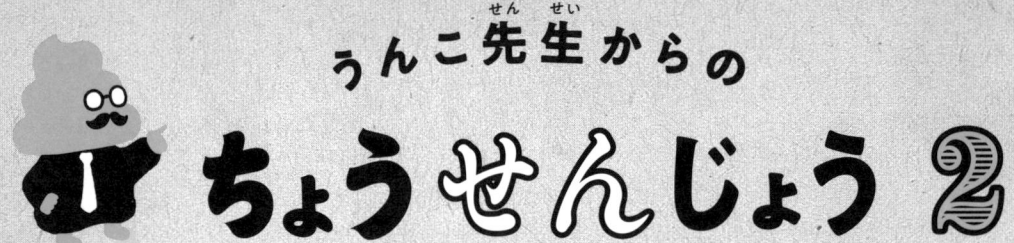

うんこ先生からの ちょうせんじょう❷

~けいさんぬりえ~

こたえが 13に なる ところに いろを ぬろう。

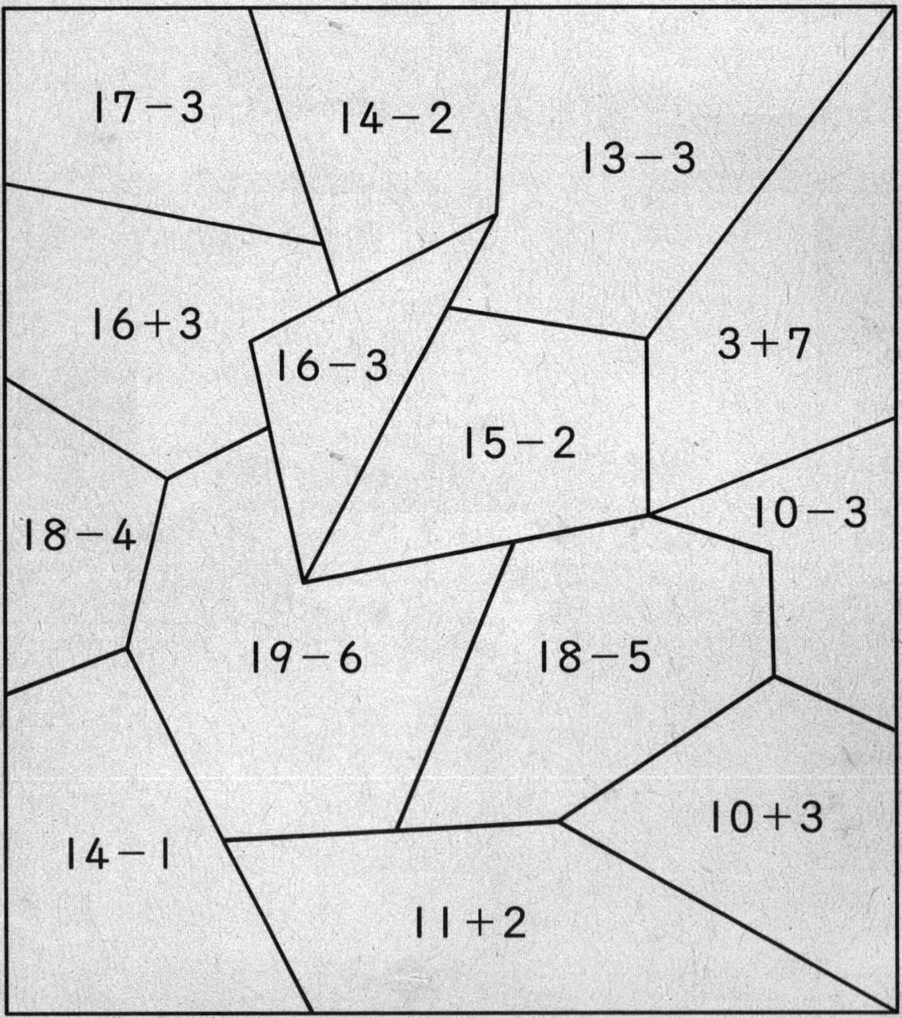

17 − 3

14 − 2

13 − 3

16 + 3

16 − 3

3 + 7

15 − 2

18 − 4

10 − 3

19 − 6

18 − 5

14 − 1

10 + 3

11 + 2

ひきざんか たしざんかに 気を つけるのじゃ。ぬると なにに なるかな？

9

3つの かずの ひきざん

今日のせいせき
まちがいが

0~2こ
よくできたね!

3~5こ
できたね
6こ~
がんばれ

3つの かずの ひきざんは, まえから
じゅんばんに けいさんしよう。

1 ひきざんを しましょう。

① $7 - 3 - 2 = 2$

7-3で 4

4-2で 2

② $5 - 2 - 2$ ③ $9 - 3 - 1$

④ $8 - 1 - 4$ ⑤ $4 - 1 - 1$

⑥ $9 - 2 - 3$ ⑦ $9 - 5 - 2$

2 ひきざんを しましょう。

① $10 - 5 - 3$ ② $10 - 6 - 1$

③ $10 - 3 - 3$ ④ $10 - 7 - 2$

⑤ $10 - 4 - 4$ ⑥ $10 - 1 - 5$

3 ひきざんを しましょう。

① $14 - 4 - 7 = 3$

14-4で 10

10-7で 3

② $12 - 2 - 5$

③ $15 - 5 - 9$

④ $19 - 9 - 1$

⑤ $11 - 1 - 6$

⑥ $13 - 3 - 2$

⑦ $16 - 6 - 4$

うんこ文章題に
チャレンジ！
4

　ふくやさんに，うんこで つくった ドレスが
9ちゃく ありました。きのう，3ちゃく うれました。
きょう，4ちゃく うれました。うんこで つくった
ドレスは，のこり なんちゃく ありますか。

しき

こたえ　　　　　　ちゃく

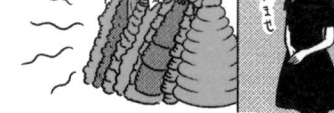

10 3つの かずの けいさん①

今日のせいせき
まちがいが

0~2こ
よくできたね!

3~5こ
できたね

6こ~
がんばれ

たしざんが まじって いても，まえから じゅんばんに けいさんする ことは かわらないよ。

1 けいさんを しましょう。

① 8－3＋4 ＝ 9

8－3で 5

5＋4で 9

② 9－7＋5   ③ 5－3＋6

④ 10－5＋4   ⑤ 10－8＋3

2 けいさんを しましょう。

① 6＋3－2 ＝ 7

6＋3で 9

9－2で 7

② 1＋8－5   ③ 2＋4－3

④ 4＋6－7   ⑤ 7＋3－1

19

3 けいさんを しましょう。

① 6−3+3 = 6

② 1+5−2

③ 2+4−5

④ 10−7+4

⑤ 4+6−2

⑥ 3+7−4

⑦ 1+9−4

⑧ 3−1+7

⑨ 2+7−6

⑩ 10−9+4

⑪ 8−4+4

⑫ 5+3−1

うんこ文章題に
チャレンジ！
5

おとうさんが 3こ, おじいちゃんが 7この うんこを ひろって きて, たなに かざりました。おかあさんが 2こ すてました。たなに かざって ある うんこは なんこに なりましたか。

しき

こたえ _____ こ

3つの かずの けいさん②

今日のせいせき
まちがいが
0~2こ よくできたね!
3~5こ できたね
6こ~ がんばれ

たすのか ひくのかに 気を つけて,
まえから じゅんに けいさんしよう。

1 けいさんを しましょう。

① $6-3+7 = 10$

6−3で 3
3+7で 10

② $8-4+6$　　　　③ $7-3+6$

④ $9-4+5$　　　　⑤ $6-5+9$

2 けいさんを しましょう。

① $10+6-4 = 12$

10+6で 16
16−4で 12

② $10+5-2$　　　　③ $10+8-3$

④ $10+9-7$　　　　⑤ $10+7-4$

3 けいさんを しましょう。

① 8−5＋7   ② 10＋4−2   ③ 10＋7−3

④ 6−4＋8   ⑤ 10＋4−1   ⑥ 2−1＋9

⑦ 10＋9−3   ⑧ 10＋6−5   ⑨ 7−4＋7

⑩ 5−1＋6   ⑪ 9−5＋6   ⑫ 10＋8−4

おもたい うんこを
ひっぱって はこぶ!

うんこひき

今日のせいせき
まちがいが
0~2こ よくできたね!
3~5こ できたね
6こ~ がんばれ

てん

1 □に あう かずを かきましょう。　〈1つ 2てん〉

① 10と 2で, 　[　]

② 16は, 10と 　[　]

③ 18は, 　[　] と 8

2 ひきざんを しましょう。　〈1つ 2てん〉

① 15 − 3　　　② 19 − 9　　　③ 12 − 1

④ 18 − 2　　　⑤ 17 − 7　　　⑥ 17 − 4

⑦ 16 − 5　　　⑧ 19 − 1　　　⑨ 18 − 6

⑩ 13 − 2　　　⑪ 17 − 1　　　⑫ 16 − 4

⑬ 11 − 1　　　⑭ 16 − 3　　　⑮ 18 − 7

⑯ 19 − 2

3 ひきざんを しましょう。

〈1つ 2てん〉

① 6−1−3 ② 9−3−5 ③ 8−4−1

④ 5−2−1 ⑤ 10−3−4 ⑥ 10−3−2

⑦ 14−4−5 ⑧ 16−6−2 ⑨ 19−9−8

⑩ 11−1−1

4 けいさんを しましょう。

〈1つ 2てん〉

① 9−7+6 ② 3−1+5 ③ 4+5−6

④ 6+1−4 ⑤ 10−5+2 ⑥ 10−9+7

⑦ 1+9−5 ⑧ 4+6−3 ⑨ 7−2+5

⑩ 8−6+8 ⑪ 10+5−3 ⑫ 10+9−8

5 つぎの えに あう 「せかいの うんこスポーツ」は
どちらですか。

〈18てん〉

あ はしりうんこたかとび

い うんこひき

くり下がりの ある ひきざん①

くり下がりの ある ひきざんだよ。ひかれる かずを
「10と いくつ」に わけて かんがえよう。

1 ひきざんを しましょう。

① 13 − 9 = [4]

❶ 3から 9は ひけない。

❷ 13を 10と 3に わける。

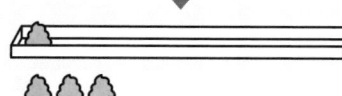

❸ 10から 9を ひいて 1。

❹ 1と 3で 4。

② 14 − 8 = [ ]

③ 13 − 6 = [ ]

④ 15 − 9 = [ ]   ⑤ 11 − 5 = [ ]

⑥ 12 − 5 = [ ]   ⑦ 12 − 9 = [ ]

⑧ 11 − 7 = [ ]   ⑨ 12 − 6 = [ ]

2 ひきざんを しましょう。

① 14 - 9 = 5　　② 11 - 8　　③ 13 - 7

④ 11 - 6　　⑤ 16 - 9　　⑥ 13 - 5

⑦ 14 - 7　　⑧ 11 - 9　　⑨ 12 - 8

⑩ 13 - 8　　⑪ 12 - 7　　⑫ 15 - 8

くり下がりの ある ひきざん②

くり下がりの ある ひきざんでは，ひく かずを
2つに わけて 10を つくる やりかたも あるよ。

1 ひきざんを しましょう。

① 13 − 4 = 9

❶ 3から 4は ひけない。
❷ 13を 10と 3に わける。
❸ 10から 4を ひいて 6。
❹ 6と 3で 9。

▶13−4の べつの やりかた

❶ 3から 4は ひけない。
❷ 4を 3と 1に わける。
❸ 13から 3を ひいて 10。
❹ 10から 1を ひいて 9。

② 11 − 3 =

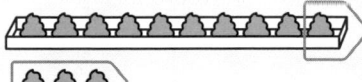

③ 15 − 7 =

④ 14 − 5 =

⑤ 11 − 2 =

⑥ 15 − 6 =

⑦ 16 − 8 =

⑧ 17 − 9 =

⑨ 12 − 4 =

2 ひきざんを しましょう。

① 17 − 8 = 9

② 12 − 3

③ 14 − 6

④ 16 − 7

⑤ 11 − 4

⑥ 16 − 8

⑦ 12 − 5

⑧ 13 − 4

⑨ 18 − 9

⑩ 11 − 5

⑪ 12 − 4

⑫ 13 − 6

うんこ文章題に
チャレンジ！
6

シャワーが 13だい あります。水が 出て くる
シャワーは 5だいで, のこりは うんこが 出て きます。
うんこが 出て くる シャワーは なんだいですか。

しき

こたえ _____ だい

くり下がりの ある ひきざん③

今日のせいせき
まちがいが

0〜2こ
よくできたね！

3〜5こ
できたね

6こ〜
がんばれ

くり下がりの ある ひきざんは まちがえやすいよ。
なんかいも れんしゅうしよう。

1 ひきざんを しましょう。

① 16 − 7 = 9

② 12 − 5

③ 14 − 8

④ 13 − 6

⑤ 11 − 7

⑥ 15 − 7

⑦ 12 − 3

⑧ 14 − 9

⑨ 13 − 7

⑩ 11 − 5

⑪ 11 − 2

⑫ 12 − 9

⑬ 14 − 6

⑭ 17 − 8

⑮ 11 − 8

⑯ 14 − 7

⑰ 15 − 9

⑱ 13 − 8

⑲ 12 − 4

⑳ 11 − 6

㉑ 13 − 4

㉒ 12 − 8

うんこ先生からの ちょうせんじょう ③

~大きい ほうは?~

先生が うんこを もらしそうに なって いるよ!
ひきざんの こたえが 大きい ほうに すすみ, トイレに かけこもう!

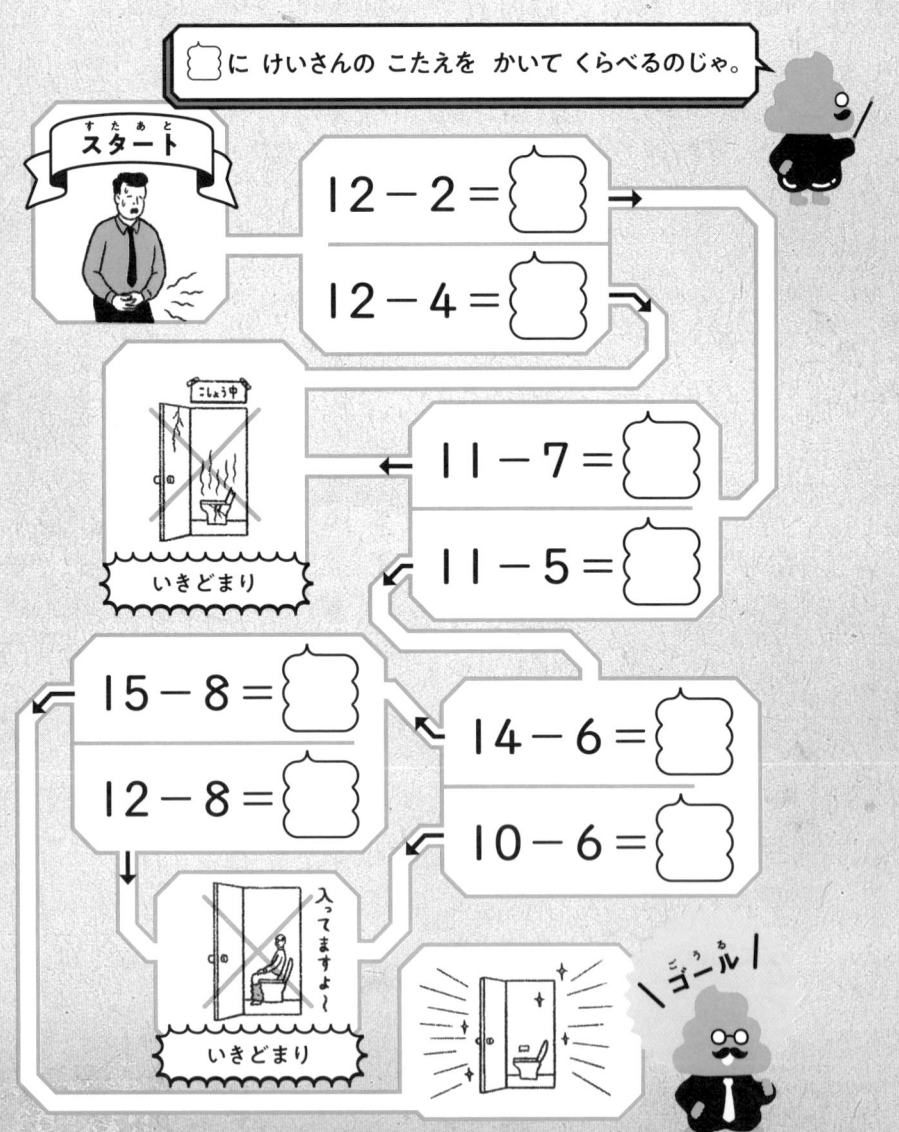

□に けいさんの こたえを かいて くらべるのじゃ。

スタート

12 − 2 = { }

12 − 4 = { }

11 − 7 = { }

11 − 5 = { }

いきどまり

15 − 8 = { }

12 − 8 = { }

14 − 6 = { }

10 − 6 = { }

いきどまり

ゴール

大きい かず

今日のせいせき
まちがいが
0~2こ
よくできたね!
3~5こ
できたね
6こ~
がんばれ

大きい かずは, 10の まとまりが いくつと,
ばらが いくつで かんがえよう。

1 うんこの かずを ☐に かきましょう。

①  …………

②  ……

2 ☐に あう かずを かきましょう。

① 10が 6こと 1が 4こで, ☐

② 78は, 10が ☐こと 1が ☐こ

③ 100は, 10が ☐こ

④ 十のくらいが 4, 一のくらいが 7の かずは ☐

⑤ 60の 十のくらいの すうじは ☐ ,

一のくらいの すうじは ☐

3 かずが 大きい ほうの ◌ に ○を かきましょう。

①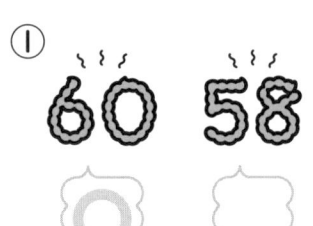
60　58
○

②
30　32

③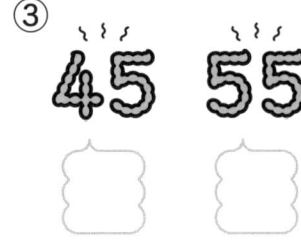
45　55

④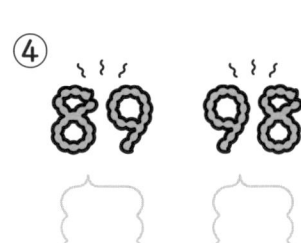
89　98

⑤
99　100

⑥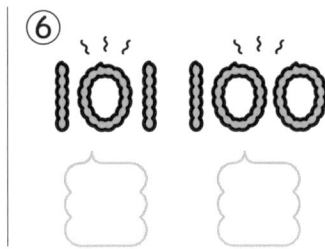
101　100

テストに出るうんこ

めざせオリンピック!!
せかいの
うんこスポーツ

WORLD UNKO SPORTS

WORLD UNKO SPORTS

うんこの いきおいだけで スピードしょうぶ!

うんこじてん車レース

5

17 大きい かずの ひきざん①

大きい かずの けいさんは, 10の まとまりや 「なん十」と「いくつ」で かんがえよう。

1 ひきざんを しましょう。

10の まとまり 5こから 3こを とる。

① 50 − 30 = 20

のこりは 10の まとまりが 2こで 20。

② 90 − 60 = [　]　③ 80 − 20 = [　]

④ 100 − 50 = [　]　⑤ 100 − 70 = [　]

2 ひきざんを しましょう。

34を「30と 4」に わける。

① 34 − 4 = 30

4を とって, のこりは 30。

② 62 − 2 = [　]　③ 85 − 5 = [　]

④ 56 − 6 = [　]　⑤ 49 − 9 = [　]

3 ひきざんを しましょう。

① $27 - 3 = \boxed{24}$

27を「20と 7」に わける。

7から 3を とって 4。
20と 4で 24。

② $55 - 4 = \boxed{}$

③ $72 - 1 = \boxed{}$

④ $48 - 5 = \boxed{}$

⑤ $35 - 3 = \boxed{}$

⑥ $67 - 2 = \boxed{}$

⑦ $99 - 3 = \boxed{}$

うんこ文章題に
チャレンジ！
7

ヤドカリが 57ひき いると おもったら，
よく 見ると その うちの 3びきは ただの
うんこでした。ヤドカリは なんびき いますか。

しき

こたえ ＿＿＿＿＿＿ ひき

18 大きい かずの ひきざん②

今日のせいせき
まちがいが
0~2こ よくできたね!
3~5こ できたね
6こ~ がんばれ

まちがえた けいさんは，できるように なるまで
なんども れんしゅうしよう。

1 ひきざんを しましょう。

① 53 − 3 = 50

② 67 − 6

③ 80 − 50

④ 59 − 9

⑤ 60 − 40

⑥ 28 − 7

⑦ 76 − 6

⑧ 95 − 3

⑨ 25 − 3

⑩ 87 − 7

⑪ 70 − 20

⑫ 44 − 2

⑬ 100 − 30

⑭ 39 − 8

⑮ 68 − 8

⑯ 26 − 5

⑰ 87 − 3

⑱ 80 − 70

⑲ 58 − 6

⑳ 100 − 20

㉑ 92 − 2

㉒ 37 − 3

ちょうせんじょう４

～かん字の けいさん～

つぎの かん字を, たしたり ひいたり して できる かん字を かこう。

さんすうは 一休みして,
かん字を やって みるのじゃ。

① 田 ＋ 力 ＝

② 夕 ＋ 口 ＝

③ 木 ＋ 木 ＋ 木 ＝

④ 音 － 日 ＝

⑤ 百 － 一 ＝

⑤は かずでは なく, かん字の
ひきざんで かんがえてくれい。

かくにんテスト 3

今日のせいせき
まちがいが
0~2こ よくできたね!
3~5こ できたね
6こ~ がんばれ

てん

1 ひきざんを しましょう。

〈1つ 2てん〉

① 12 − 7
② 16 − 9
③ 18 − 9

④ 13 − 8
⑤ 15 − 6
⑥ 11 − 9

⑦ 12 − 6
⑧ 15 − 8
⑨ 14 − 7

⑩ 11 − 3
⑪ 17 − 9
⑫ 13 − 6

⑬ 12 − 3
⑭ 14 − 8
⑮ 11 − 4

⑯ 13 − 5
⑰ 16 − 7
⑱ 14 − 9

⑲ 13 − 9
⑳ 11 − 8
㉑ 12 − 5

㉒ 17 − 8
㉓ 11 − 6
㉔ 16 − 8

2 かずが 大きい ほうの ▢ に ○を かきましょう。 〈1つ 2てん〉

①

②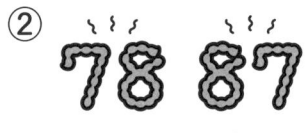

3 ひきざんを しましょう。 〈1つ 2てん〉

① 85 − 2   ② 60 − 50   ③ 31 − 1

④ 59 − 1   ⑤ 27 − 7   ⑥ 90 − 20

⑦ 68 − 2   ⑧ 100 − 40   ⑨ 84 − 4

⑩ 39 − 7   ⑪ 70 − 30   ⑫ 88 − 6

⑬ 48 − 3   ⑭ 55 − 5   ⑮ 100 − 90

⑯ 98 − 5

4 つぎの 「せかいの うんこスポーツ」の うち,
からだに うんこを ぬりたくるのは どちらですか。 〈16てん〉

あ
うんこじてん車
レース

い
うんこずもう

てん

 1 けいさんを しましょう。

〈1つ 2てん〉

① 5－2

② 4－2

③ 6－1

④ 8－3

⑤ 9－3

⑥ 9－6

⑦ 10－2

⑧ 10－7

⑨ 15－5

⑩ 17－7

⑪ 12－1

⑫ 19－4

⑬ 15－1

⑭ 16－5

⑮ 9－2－5

⑯ 7－3－1

⑰ 10－1－4

⑱ 10－6－2

⑲ 19－9－9

⑳ 16－6－3

㉑ 6－2＋5

㉒ 9－6＋4

㉓ 8－1＋3

㉔ 4－3＋9

2 ひきざんを しましょう。

〈1つ 2てん〉

① 13－8 　② 11－7 　③ 14－5

④ 12－4 　⑤ 11－2 　⑥ 15－9

⑦ 16－8 　⑧ 13－7 　⑨ 50－20

⑩ 80－40 　⑪ 100－80 　⑫ 61－1

⑬ 43－3 　⑭ 98－8 　⑮ 69－3

⑯ 77－6 　⑰ 25－2 　⑱ 86－4

3 つぎの うち,「せかいの うんこスポーツ」に
出て こなかったのは どれですか。

〈16てん〉

あ
うんこ
じてん車レース

い
うんこドッジボール

う
はしり
うんこたかとび

え
うんこ
はこびスイミング

答え

1 いくつと いくつ

5、6、7、8、9、10は、いくつと いくつに わけられるかを かんがえよう。

今日のせいぎ まちがいが
0〜2こ よくできたね！
3〜5こ できたね
6こ〜 がんばれ

1 5は いくつと いくつですか。□に あう かずを かきましょう。

5 …… ♨♨♨♨♨

①5は、1と **4** ⑤5は、2と **3**

③5は、3と **2** ④5は、4と **1**

2 10は いくつと いくつですか。□に あう かずを かきましょう。

10 …… ♨♨♨♨♨♨♨♨♨♨

① 10 / 1 9   ② 10 / 2 8   ③ 10 / 3 7

④ 10 / 4 6   ⑤ 10 / 5 5   ⑥ 10 / 6 4

⑦ 10 / 7 3   ⑧ 10 / 8 2   ⑨ 10 / 9 1

3 つぎの かずは、いくつと いくつですか。□に あう かずを かきましょう。

①9は、8と **1**   ②6は、2と **4**   ③8は、3と **5**

④9は、5と **4**   ⑤7は、1と **6**   ⑥8は、6と **2**

⑦9は、2と **7**   ⑧6は、3と **3**   ⑨7は、4と **3**

⑩9は、3と **6**   ⑪10は、8と **2**   ⑫8は、1と **7**

テストに出るうんこ
めざせオリンピック!!
せかいのうんこスポーツ

ボールの かわりに うんこを なげるよ！

うんこドッジボール

1

2 10までの ひきざん①

いくつから いくつを ひくのか、はじめの うちは うんこの かずで かんがえながら けいさんしよう。

今日のせいぎ まちがいが
0〜2こ よくできたね！
3〜5こ できたね
6こ〜 がんばれ

1 ひきざんを しましょう。

① 5−2= **3**

②4−1= **3**   ⑤5−3= **2**   ④3−2= **1**

⑤4−3= **1**   ⑥4−2= **2**   ⑦5−4= **1**

2 ひきざんを しましょう。

①8−3= **5**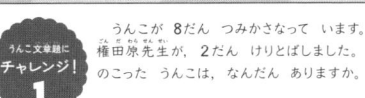

②7−4= **3**   ③9−1= **8**

④6−4= **2**   ⑤8−5= **3**

3 ひきざんを しましょう。

①3−1= **2**   ②8−4= **4**

③6−2= **4**   ④2−1= **1**

⑤7−3= **4**   ⑥9−4= **5**

⑦8−1= **7**   ⑧6−3= **3**

⑨7−5= **2**   ⑩5−1= **4**

⑪9−5= **4**   ⑫6−5= **1**

うんこ文章題にチャレンジ！1

うんこが 8だん つみかさなって います。権田原先生が、2だん けりとばしました。のこった うんこは、なんだん ありますか。

(しき) 8−2＝6

(こたえ) 6 だん

答え

3 10までの ひきざん②

ある かずから 0を ひくと, こたえは ある かずだよ。
また, ある かずから おなじ かずを ひくと, こたえは 0だよ。

1 ひきざんを しましょう。

① 8－6 = 2

② 7－6 = 1　③ 9－6 = 3

④ 9－8 = 1　⑤ 9－7 = 2

2 ひきざんを しましょう。

① 6－0 = 6　② 4－4 = 0

③ 7－7 = 0　④ 9－0 = 9

⑤ 5－0 = 5　⑥ 3－3 = 0

⑦ 8－0 = 8　⑧ 2－0 = 2

⑨ 9－9 = 0　⑩ 1－1 = 0

4 10までの ひきざん③

いくつから いくつを ひくのかが わからなかったら,
うんこを かいて かんがえよう。

1 ひきざんを しましょう。

① 3－2 = 1　② 9－3 = 6

③ 7－4 = 3　④ 8－2 = 6

⑤ 5－2 = 3　⑥ 4－3 = 1

⑦ 10－8 = 2　⑧ 5－5 = 0

⑨ 7－6 = 1　⑩ 4－1 = 3

⑪ 2－0 = 2　⑫ 9－7 = 2

⑬ 7－1 = 6　⑭ 5－3 = 2

⑮ 10－5 = 5　⑯ 6－0 = 6

⑰ 9－2 = 7　⑱ 6－1 = 5

⑲ 8－6 = 2　⑳ 9－9 = 0

㉑ 10－3 = 7　㉒ 7－2 = 5

3 ひきざんを しましょう。

① 10－3 = 7

② 10－6 = 4　③ 10－8 = 2

④ 10－5 = 5　⑤ 10－1 = 9

⑥ 10－2 = 8　⑦ 10－4 = 6

⑧ 10－9 = 1　⑨ 10－7 = 3

うんこ文章題に チャレンジ！ 2

10本の ゆびに うんこを にずつ
つきさして ねました。ねて いる あいだに,
6こ とれました。あさ おきた とき,
ゆびに ささって いた うんこは なんこですか。

(しき) 10－6 = 4

(こたえ) 4 こ

うんこ先生からの ちょうせんじょう 1

～かずの めいろ～

10から 1ずつ かずを 小さく して, ゴールまで いこう。

答え

9ページ

5 かくにんテスト 1

今日のせいせきまちがいが
0-2こ よくできたね！
3-5こ さきだね
6こ～ がんばれ

てん

1 7は いくつと いくつですか。□に あう かずを かきましょう。
(1つ 2てん)

7 …… 🍩🍩🍩🍩🍩🍩🍩

① 7 → 1 6
② 7 → 4 3
③ 7 → 5 2
④ 7 → 2 5
⑤ 7 → 6 1
⑥ 7 → 3 4

2 10は いくつと いくつですか。□に あう かずを かきましょう。
(1つ 2てん)

① 10は, 3と 7　② 10は, 8と 2　③ 10は, 1と 9
④ 10は, 4と 6　⑤ 10は, 5と 5　⑥ 10は, 9と 1
⑦ 10は, 6と 4　⑧ 10は, 7と 3　⑨ 10は, 2と 8

10ページ

3 こたえが 3に なる しきを すべて えらび, □に ○を かきましょう。
(ぜんぶ できて 10てん)

7-3　10-7　5-3　8-5
□　○　□　○

4 ひきざんを しましょう。
(1つ 2てん)

① 6-4=2　② 2-1=1　③ 10-5=5
④ 8-4=4　⑤ 5-4=1　⑥ 4-2=2
⑦ 9-5=4　⑧ 3-3=0　⑨ 7-0=7
⑩ 7-2=5　⑪ 3-1=2　⑫ 3-0=3
⑬ 9-8=1　⑭ 6-3=3　⑮ 10-4=6
⑯ 6-6=0

5 つぎの「せかいの うんこスポーツ」の 名まえを □に かきましょう。
(28てん)

こたえ
うんこ
ドッジボール

11ページ

6 20までの かず

今日のせいせきまちがいが
0-2こ よくできたね！
3-5こ さきだね
6こ～ がんばれ

10より 大きい かずだよ。「10と いくつ」で かんがえると, わかりやすいよ。

1 うんこの かずを □に かきましょう。

① 🍩🍩🍩🍩🍩🍩🍩🍩🍩🍩🍩🍩🍩🍩🍩 15
② 🍩🍩🍩🍩🍩🍩🍩🍩🍩🍩🍩🍩🍩🍩🍩🍩🍩🍩🍩 19

2 □に あう かずを かきましょう。

① 10と 3で, 13
🍩🍩🍩🍩🍩🍩🍩🍩🍩🍩 と 🍩🍩🍩

② 10と 6で, 16　③ 11は, 10と 1
④ 14は, 10と 4　⑤ 17は, 10と 7
⑥ 20は, 10と 10

まちがえた もんだいは, できるように なるまで やりなおすのじゃ。

12ページ

3 下の かずのせんを つかって, □に あう かずを かきましょう。

0 1 2 3 4 5 6 7 8 9 10 11 12 13 14 15 16 17 18 19 20

① 10より 3 大きい かずは 13
② 15より 4 大きい かずは 19
③ 18より 8 小さい かずは 10
④ 20より 2 小さい かずは 18

テストに 出る うんこ
せかいの うんこスポーツ
めざせオリンピック!!
大きな うんこを とびこえろ!
はしり うんこたかとび
2

7 すこし 大きい かずの ひきざん①

10より 大きい かずの ひきざんは，「10と いくつ」に わけてから かんがえよう。

今日のせいせき まちがいが
😊 0-2こ よくできたね！
😐 3-5こ できたね
💩 6こ～ がんばれ

1 ひきざんを しましょう。

① 13-3= **10**
13を 10と 3に わける。
3を とって，のこりは 10。

② 15-5= **10**　③ 18-8= **10**

④ 11-1= **10**　⑤ 17-7= **10**

2 ひきざんを しましょう。

① 15-3= **12**
15を 10と 5に わける。
5から 3を とって 2。10と 2で 12。

② 14-3= **11**　③ 19-6= **13**

④ 16-1= **15**　⑤ 17-5= **12**

⑬

8 すこし 大きい かずの ひきざん②

まちがえた けいさんは，できるように なるまで やりなおそう。

今日のせいせき まちがいが
😊 0-2こ よくできたね！
😐 3-5こ できたね
💩 6こ～ がんばれ

1 ひきざんを しましょう。

① 16-6= **10**　② 12-2= **10**

③ 15-4= **11**　④ 19-7= **12**

⑤ 17-2= **15**　⑥ 18-4= **14**

⑦ 19-9= **10**　⑧ 14-1= **13**

⑨ 18-2= **16**　⑩ 15-5= **10**

⑪ 17-6= **11**　⑫ 19-2= **17**

⑬ 18-8= **10**　⑭ 17-1= **16**

⑮ 19-1= **18**　⑯ 13-2= **11**

⑰ 16-2= **14**　⑱ 14-4= **10**

⑮

3 ひきざんを しましょう。

① 14-4= **10**　② 18-1= **17**

③ 13-1= **12**　④ 19-3= **16**

⑤ 15-1= **14**　⑥ 16-6= **10**

⑦ 18-3= **15**　⑧ 18-5= **13**

⑨ 14-2= **12**　⑩ 12-2= **10**

⑪ 19-5= **14**　⑫ 15-2= **13**

 うんこ文章題に チャレンジ！ **3**

ハヤブサが ものすごい はやさで とびながら，うんこを 16こ おとして いきました。そのうち，4こを 椎田原先生が キャッチして，のこりは じめんに おちました。おちた うんこは なんこですか。

しき **16-4=12**

こたえ **12**こ

うんこ先生からの ちょうせんじょう **2**

～けいさんぬりえ～

こたえが 13に なる ところに いろを ぬろう。

17-3	14-2	13-3
16+3	16-3	3+7
18-4	15-2	10-3
	19-6	18-5
14-1	11+2	10+3

ひきざんか たしざんかに 気を つけるのじゃ。ぬると なにに なるかな？

⑯

答え

9　3つの かずの ひきざん

今日のせいせき まちがいが
👣 0-2こ よくできたね！
💩 3-5こ できたね
💩💩 6こ～ がんばれ

3つの かずの ひきざんは、まえから じゅんばんに けいさんしよう。

1 ひきざんを しましょう。

① $7 - 3 - 2 = 2$
7-3で 4
4-2で 2

② $5 - 2 - 2 = 1$　③ $9 - 3 - 1 = 5$

④ $8 - 1 - 4 = 3$　⑤ $4 - 1 - 1 = 2$

⑥ $9 - 2 - 3 = 4$　⑦ $9 - 5 - 2 = 2$

2 ひきざんを しましょう。

① $10 - 5 - 3 = 2$　② $10 - 6 - 1 = 3$

③ $10 - 3 - 3 = 4$　④ $10 - 7 - 2 = 1$

⑤ $10 - 4 - 4 = 2$　⑥ $10 - 1 - 5 = 4$

17

10　3つの かずの けいさん①

今日のせいせき まちがいが
👣 0-2こ よくできたね！
💩 3-5こ できたね
💩💩 6こ～ がんばれ

たしざんが まじって いても、まえから じゅんばんに けいさんする ことは かわらないよ。

1 けいさんを しましょう。

① $8 - 3 + 4 = 9$
8-3で 5
5+4で 9

② $9 - 7 + 5 = 7$　③ $5 - 3 + 6 = 8$

④ $10 - 5 + 4 = 9$　⑤ $10 - 8 + 3 = 5$

2 けいさんを しましょう。

① $6 + 3 - 2 = 7$
6+3で 9
9-2で 7

② $1 + 8 - 5 = 4$　③ $2 + 4 - 3 = 3$

④ $4 + 6 - 7 = 3$　⑤ $7 + 3 - 1 = 9$

19

---

3 ひきざんを しましょう。

① $14 - 4 - 7 = 3$
14-4で 10
10-7で 3

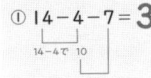

② $12 - 2 - 5 = 5$　③ $15 - 5 - 9 = 1$

④ $19 - 9 - 1 = 9$　⑤ $11 - 1 - 6 = 4$

⑥ $13 - 3 - 2 = 8$　⑦ $16 - 6 - 4 = 6$

 うんこ文章題に チャレンジ！ **4**

ふくやさんに、うんこで つくった ドレスが 9ちゃく ありました。きのう、3ちゃく うれました。きょう、4ちゃく うれました。うんこで つくった ドレスは、のこり なんちゃく ありますか。

（しき） $9 - 3 - 4 = 2$

（こたえ） **2** ちゃく

18

3 けいさんを しましょう。

① $6 - 3 + 3 = 6$　② $1 + 5 - 2 = 4$

③ $2 + 4 - 5 = 1$　④ $10 - 7 + 4 = 7$

⑤ $4 + 6 - 2 = 8$　⑥ $3 + 7 - 4 = 6$

⑦ $1 + 9 - 4 = 6$　⑧ $3 - 1 + 7 = 9$

⑨ $2 + 7 - 6 = 3$　⑩ $10 - 9 + 4 = 5$

⑪ $8 - 4 + 4 = 8$　⑫ $5 + 3 - 1 = 7$

 うんこ文章題に チャレンジ！ **5**

おとうさんが 3こ、おじいちゃんが 7この うんこを ひろって きて、たなに かざりました。おかあさんが 2こ すてました。たなに かざって ある うんこは なんこに なりましたか。

（しき） $3 + 7 - 2 = 8$

（こたえ） **8** こ

20

45

21ページ

11 3つの かずの けいさん②

たすのか ひくのかに 気を つけて、
まえから じゅんに けいさんしよう。

今日のせいせき
まちがいが
😊 0-2こ よくできたね!
🐾 3-5こ できたね!
♨ 6こ~ がんばれ

1 けいさんを しましょう。

① 6−3+7=**10**

6−3で 3
3+7で 10

② 8−4+6=**10**　　③ 7−3+6=**10**

④ 9−4+5=**10**　　⑤ 6−5+9=**10**

2 けいさんを しましょう。

① 10+6−4=**12**

10+6で 16
16−4で 12

② 10+5−2=**13**　　③ 10+8−3=**15**

④ 10+9−7=**12**　　⑤ 10+7−4=**13**

⑳

22ページ

3 けいさんを しましょう。

① 8−5+7=10　② 10+4−2=12　③ 10+7−3=14

④ 6−4+8=10　⑤ 10+4−1−13　⑥ 2 1+9=10

⑦ 10+9−3=16　⑧ 10+6−5=11　⑨ 7−4+7=10

⑩ 5−1+6=10　⑪ 9−5+6=10　⑫ 10+8−4=14

テストに
出る
うんこ

めざせオリンピック!!
せかいの
うんこスポーツ

おもたい うんこを
ひっぱって はこぶ!
うんこひき

3

㉒

23ページ

12 かくにん テスト **2**

□ てん

今日のせいせき
まちがいが
😊 0-2こ よくできたね!
🐾 3-5こ できたね!
♨ 6こ~ がんばれ

1 □に あう かずを かきましょう。　　(1つ 2てん)

① 10と 2で、**12**　　② 16は、10と **6**

③ 18は、**10** と 8

2 ひきざんを しましょう。　　(1つ 2てん)

① 15−3=**12**　② 19−9=**10**　③ 12−1=**11**

④ 18−2=**16**　⑤ 17−7=**10**　⑥ 17−4=**13**

⑦ 16−5=**11**　⑧ 19−1=**18**　⑨ 18−6=**12**

⑩ 13−2=**11**　⑪ 17−1=**16**　⑫ 16−4=**12**

⑬ 11−1=**10**　⑭ 16−3=**13**　⑮ 18−7=**11**

⑯ 19−2=**17**

㉓

24ページ

3 ひきざんを しましょう。　　(1つ 2てん)

① 6−1−3=2　② 9−3−5=1　③ 8−4−1=3

④ 5−2−1=2　⑤ 10−3−4=3　⑥ 10−3−2=5

⑦ 14−4−5=5　⑧ 16−6−2=8　⑨ 19−9−8=2

⑩ 11−1−1=9

4 けいさんを しましょう。　　(1つ 2てん)

① 9−7+6=8　② 3−1+5=7　③ 4+5−6=3

④ 6+1−4=3　⑤ 10−5+2=7　⑥ 10−9+7=8

⑦ 1+9−5=5　⑧ 4+6−3=7　⑨ 7−2+5=10

⑩ 8−6+8=10　⑪ 10+5−3=12　⑫ 10+9−8=11

5 つぎの えに あう 「せかいの うんこスポーツ」は
どちらですか。　　(18てん)

あ はしりうんこたかとび

🄸 うんこひき

㉔

答え

25 ページ

13 くり下がりの ある ひきざん①

くり下がりの ある ひきざんだよ。ひかれる かずを「10と いくつ」に わけて かんがえよう。

今日のせいせき まちがいが
- 0-2こ よくできたね!
- 3-5こ できたね
- 6こ～ がんばれ

1 ひきざんを しましょう。

① $13 - 9 = 4$
- ❶ 3から 9は ひけない。
- ❷ 13を 10と 3に わける。
- ❸ 10から 9を ひいて 1。
- ❹ 1と 3で 4。

② $14 - 8 = 6$

③ $13 - 6 = 7$

④ $15 - 9 = 6$　　⑤ $11 - 5 = 6$

⑥ $12 - 5 = 7$　　⑦ $12 - 9 = 3$

⑧ $11 - 7 = 4$　　⑨ $12 - 6 = 6$

26 ページ

2 ひきざんを しましょう。

① $14 - 9 = 5$　　② $11 - 8 = 3$　　③ $13 - 7 = 6$

④ $11 - 6 = 5$　　⑤ $16 - 9 = 7$　　⑥ $13 - 5 = 8$

⑦ $14 - 7 = 7$　　⑧ $11 - 9 = 2$　　⑨ $12 - 8 = 4$

⑩ $13 - 8 = 5$　　⑪ $12 - 7 = 5$　　⑫ $15 - 8 = 7$

テストに出るうんこ
めざせオリンピック!!
せかいの うんこスポーツ
からだに うんこを ぬりたくって たたかう!
うんこずもう
4

27 ページ

14 くり下がりの ある ひきざん②

くり下がりの ある ひきざんでは、ひく かずを 2つに わけて 10を つくる やりかたも あるよ。

今日のせいせき まちがいが
- 0-2こ よくできたね!
- 3-5こ できたね
- 6こ～ がんばれ

1 ひきざんを しましょう。

① $13 - 4 = 9$
- ❶ 3から 4は ひけない。
- ❷ 13を 10と 3に わける。
- ❸ 10から 4を ひいて 6。
- ❹ 6と 3で 9。

▶13-4の べつの やりかた
- ❶ 3から 4は ひけない。
- ❷ 4を 3と 1に わける。
- ❸ 13から 3を ひいて 10。
- ❹ 10から 1を ひいて 9。

② $11 - 3 = 8$

③ $15 - 7 = 8$

④ $14 - 5 = 9$　　⑤ $11 - 2 = 9$

⑥ $15 - 6 = 9$　　⑦ $16 - 8 = 8$

⑧ $17 - 9 = 8$　　⑨ $12 - 4 = 8$

28 ページ

2 ひきざんを しましょう。

① $17 - 8 = 9$　　② $12 - 3 = 9$

③ $14 - 6 = 8$　　④ $16 - 7 = 9$

⑤ $11 - 4 = 7$　　⑥ $16 - 8 = 8$

⑦ $12 - 5 = 7$　　⑧ $13 - 4 = 9$

⑨ $18 - 9 = 9$　　⑩ $11 - 5 = 6$

⑪ $12 - 4 = 8$　　⑫ $13 - 6 = 7$

うんこ文章題にチャレンジ! 6

シャワーが 13だい あります。水が 出て くる シャワーは 5だいで, のこりは うんこが 出て きます。うんこが 出て くる シャワーは なんだいですか。

しき $13 - 5 = 8$

こたえ 8 だい

47

答え

29ページ

 **15** くり下がりの ある ひきざん③

今日のせいか まちがいが
😊 0〜2こ よくできたね!
😐 3〜5こ できたね!
😓 6こ〜 がんばれ

くり下がりの ある ひきざんは まちがえやすいよ。なんかいも れんしゅうしよう。

1 ひきざんを しましょう。

① 16−7 = 9　② 12−5 = 7

③ 14−8 = 6　④ 13−6 = 7

⑤ 11−7 = 4　⑥ 15−7 = 8

⑦ 12−3 = 9　⑧ 14−9 = 5

⑨ 13−7 = 6　⑩ 11−5 = 6

⑪ 11−2 = 9　⑫ 12−9 = 3

⑬ 14−6 = 8　⑭ 17−8 = 9

⑮ 11−8 = 3　⑯ 14−7 = 7

⑰ 15−9 = 6　⑱ 13−8 = 5

⑲ 12−4 = 8　⑳ 11−6 = 5

㉑ 13−4 = 9　㉒ 12−8 = 4

31ページ

 **16** 大きい かず

今日のせいか まちがいが
😊 0〜2こ よくできたね!
😐 3〜5こ できたね!
😓 6こ〜 がんばれ

大きい かずは、10の まとまりが いくつと、ばらが いくつで かんがえよう。

1 うんこの かずを ☐に かきましょう。

① ……… 34

② ……… 80

2 ☐に あう かずを かきましょう。

① 10が 6こと 1が 4こで、 64

② 78は、10が 7 こと 1が 8 こ

③ 100は、10が 10 こ

④ 十のくらいが 4，一のくらいが 7の かずは 47

⑤ 60の 十のくらいの すうじは 6，
一のくらいの すうじは 0

30ページ

うんこ先生からの
ちょうせんじょう3

〜大きい ほうは?〜

先生が うんこを もらしそうに なって いるよ!
ひきざんの こたえが 大きい ほうに すすみ，トイレに かけこもう!

☐に けいさんの こたえを かいて くらべるのじゃ。

スタート

12−2 = {10}

12−4 = {8}

いきどまり

11−7 = {4}

11−5 = {6}

15−8 = {7}

14−6 = {8}

12−8 = {4}

10−6 = {4}

いきどまり

ゴール!

32ページ

3 かずが 大きい ほうの ☐に ◯を かきましょう。

① 60 58　② 30 32　③ 45 55
　 ◯　　　　 ◯　　　 ◯

④ 89 98　⑤ 99 100　⑥ 101 100
　 ◯　　　　 ◯　　　 ◯

 テストに 出る うんこ

めざせオリンピック!!
せかいの うんこスポーツ

うんこの いきおいだけで スピード しょうぶ!

5

うんこじてん車レース

答え

33 ページ

17 大きい かずの ひきざん①

今日のせいせき まちがいが
🐾 0-2こ よくできたね!
🐾 3-5こ できたね
🐾 6こ〜 がんばれ

大きい かずの けいさんは、10の まとまりや
「なん十」と「いくつ」で かんがえよう。

1 ひきざんを しましょう。

10の まとまり 5こから 3こを とる。

① 50 − 30 = **20**

のこりは 10の まとまりが 2こで 20。

② 90 − 60 = **30**　　③ 80 − 20 = **60**

④ 100 − 50 = **50**　　⑤ 100 − 70 = **30**

2 ひきざんを しましょう。

34を「30と 4」に わける。

① 34 − 4 = **30**

4を とって、のこりは 30。

② 62 − 2 = **60**　　③ 85 − 5 = **80**

④ 56 − 6 = **50**　　⑤ 49 − 9 = **40**

34 ページ

3 ひきざんを しましょう。

27を「20と 7」に わける。

① 27 − 3 = **24**

7から 3を とって 4。
20と 4で 24。

② 55 − 4 = **51**　　③ 72 − 1 = **71**

④ 48 − 5 = **43**　　⑤ 35 − 3 = **32**

⑥ 67 − 2 = **65**　　⑦ 99 − 3 = **96**

うんこ文章題に
チャレンジ!
7

ヤドカリが 57ひき いると おもったら、
よく 見ると その うちの 3びきは ただの
うんこでした。ヤドカリは なんびき いますか。

(しき) **57 − 3 = 54**

(こたえ) **54** ひき

35 ページ

18 大きい かずの ひきざん②

今日のせいせき まちがいが
🐾 0-2こ よくできたね!
🐾 3-5こ できたね
🐾 6こ〜 がんばれ

まちがえた けいさんは、できるように なるまで
なんども れんしゅうしよう。

1 ひきざんを しましょう。

① 53 − 3 = **50**　　② 67 − 6 = **61**

③ 80 − 50 = **30**　　④ 59 − 9 = **50**

⑤ 60 − 40 = **20**　　⑥ 28 − 7 = **21**

⑦ 76 − 6 = **70**　　⑧ 95 − 3 = **92**

⑨ 25 − 3 = **22**　　⑩ 87 − 7 = **80**

⑪ 70 − 20 = **50**　　⑫ 44 − 2 = **42**

⑬ 100 − 30 = **70**　　⑭ 39 − 8 = **31**

⑮ 68 − 8 = **60**　　⑯ 26 − 5 = **21**

⑰ 87 − 3 = **84**　　⑱ 80 − 70 = **10**

⑲ 58 − 6 = **52**　　⑳ 100 − 20 = **80**

㉑ 92 − 2 = **90**　　㉒ 37 − 3 = **34**

36 ページ

うんこ先生からの
ちょうせんじょう **4**

〜かん字の けいさん〜

つぎの かん字を、たしたり ひいたり して できる かん字を かこう。

さんすうは 一休みして、
かん字を やって みるのじゃ。

① 田 + 力 = **男**

② 夕 + 口 = **名**

③ 木 + 木 + 木 = **森**

④ 音 − 日 = **立**

⑤ 百 − 一 = **白**

⑤は かずでは なく、かん字の
ひきざんで かんがえてくれい。

49

答え

⑲ かくにんテスト 3

今日のせいせき まちがいが
0-2こ よくできたね
3-5こ できたね
6こ〜 がんばれ

てん

① ひきざんを しましょう。 (1つ 2てん)

① 12 − 7 = 5　② 16 − 9 = 7　③ 18 − 9 = 9

④ 13 − 8 = 5　⑤ 15 − 6 = 9　⑥ 11 − 9 = 2

⑦ 12 − 6 = 6　⑧ 15 − 8 = 7　⑨ 14 − 7 = 7

⑩ 11 − 3 = 8　⑪ 17 − 9 = 8　⑫ 13 − 6 = 7

⑬ 12 − 3 = 9　⑭ 14 − 8 = 6　⑮ 11 − 4 = 7

⑯ 13 − 5 = 8　⑰ 16 − 7 = 9　⑱ 14 − 9 = 5

⑲ 13 − 9 = 4　⑳ 11 − 8 = 3　㉑ 12 − 5 = 7

㉒ 17 − 8 = 9　㉓ 11 − 6 = 5　㉔ 16 − 8 = 8

37

⑳ まとめテスト 1年生の ひきざん

今日のせいせき まちがいが
0-2こ よくできたね
3-5こ できたね
6こ〜 がんばれ

てん

① けいさんを しましょう。 (1つ 2てん)

① 5 − 2 = 3　② 4 − 2 = 2　③ 6 − 1 = 5

④ 8 − 3 = 5　⑤ 9 − 3 = 6　⑥ 9 − 6 = 3

⑦ 10 − 2 = 8　⑧ 10 − 7 = 3　⑨ 15 − 5 = 10

⑩ 17 − 7 = 10　⑪ 12 − 1 = 11　⑫ 19 − 4 = 15

⑬ 15 − 1 = 14　⑭ 16 − 5 = 11　⑮ 9 − 2 − 5 = 2

⑯ 7 − 3 − 1 = 3　⑰ 10 − 1 − 4 = 5　⑱ 10 − 6 − 2 = 2

⑲ 19 − 9 − 9 = 1　⑳ 16 − 6 − 3 = 7　㉑ 6 − 2 + 5 = 9

㉒ 9 − 6 + 4 = 7　㉓ 8 − 1 + 3 = 10　㉔ 4 − 3 + 9 = 10

39

② かずが 大きい ほうの ◯に ◯を かきましょう。 (1つ 2てん)

①  99 98
◯ ☐

② 78 87
☐ ◯

③ ひきざんを しましょう。 (1つ 2てん)

① 85 − 2 = 83　② 60 − 50 = 10　③ 31 − 1 = 30

④ 59 − 1 = 58　⑤ 27 − 7 = 20　⑥ 90 − 20 = 70

⑦ 68 − 2 = 66　⑧ 100 − 40 = 60　⑨ 84 − 4 = 80

⑩ 39 − 7 = 32　⑪ 70 − 30 = 40　⑫ 88 − 6 = 82

⑬ 48 − 3 = 45　⑭ 55 − 5 = 50　⑮ 100 − 90 = 10

⑯ 98 − 5 = 93

④ つぎの 「せかいの うんこスポーツ」の うち、からだに うんこを ぬりたくるのは どちらですか。 (16てん)

あ
うんこじてん車レース

い
うんこずもう

② ひきざんを しましょう。 (1つ 2てん)

① 13 − 8 = 5　② 11 − 7 = 4　③ 14 − 5 = 9

④ 12 − 4 = 8　⑤ 11 − 2 = 9　⑥ 15 − 9 = 6

⑦ 16 − 8 = 8　⑧ 13 − 7 = 6　⑨ 50 − 20 = 30

⑩ 80 − 40 = 40　⑪ 100 − 80 = 20　⑫ 61 − 1 = 60

⑬ 43 − 3 = 40　⑭ 98 − 8 = 90　⑮ 69 − 3 = 66

⑯ 77 − 6 = 71　⑰ 25 − 2 = 23　⑱ 86 − 4 = 82

③ つぎの うち、「せかいの うんこスポーツ」に 出て こなかったのは どれですか。 (16てん)

あ うんこじてん車レース

い うんこドッジボール

う はしり うんこたかとび

え うんこはこびスイミング

40

けいさん
などで
じゆうに
つかおう！

うんこ コミックス
UNKO COMICS

おはよう！ うんこ先生

原作：古屋雄作
漫画：水野輝昭

第1話を丸ごと 読めるのじゃー！

好評発売中!!

今日から うんこが担任に!?

どうなる 僕らの6年2組！

近くに本屋が なければコチラ！

価格（本体 505円＋税）
ISBN 978-4-8C651-279-2

おはよう！ うんこ先生 1

原作：古屋雄作
漫画：水野輝昭

次のページから記念すべき第1話をお読みいただけます！

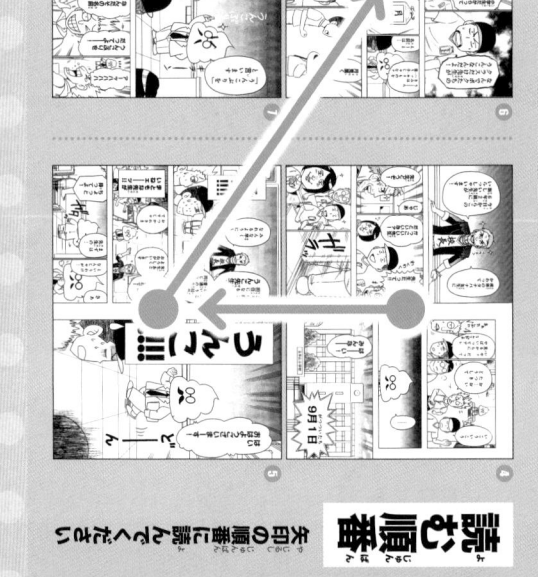

②

③

読む順番

矢印の順番に読んでください

⑥

⑤

① ← ではここから！「おはよう！うんこ先生」第1話 スタートです！

第1話 ☆ うんこ先生が やってきた!! の巻

9月1日

ん―――――え―――――

むり!!!

無理!!!

田中

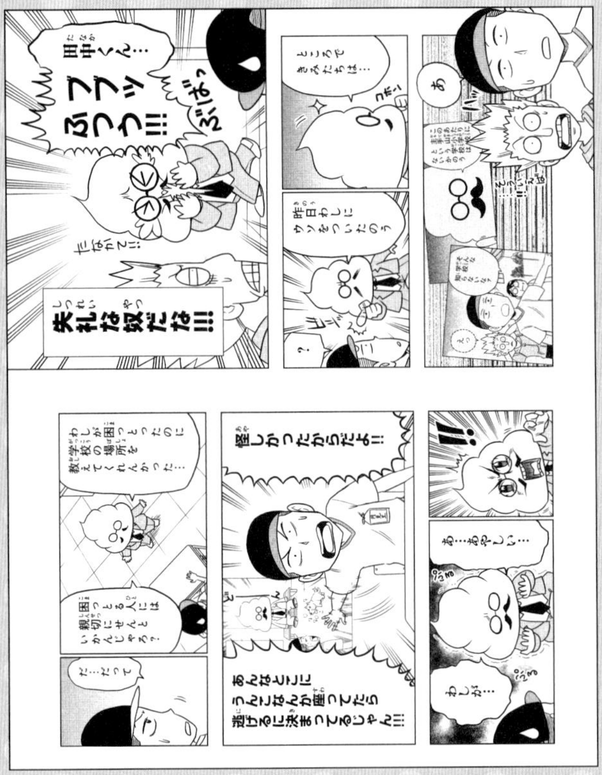

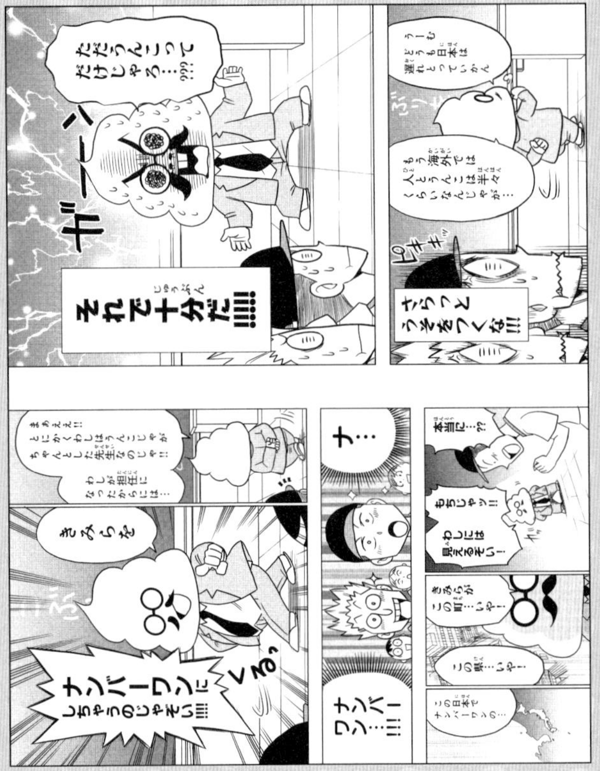

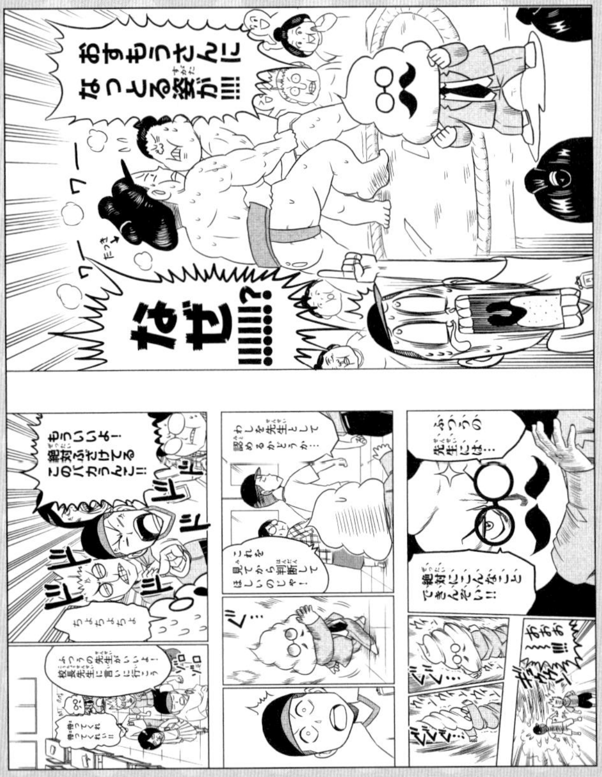

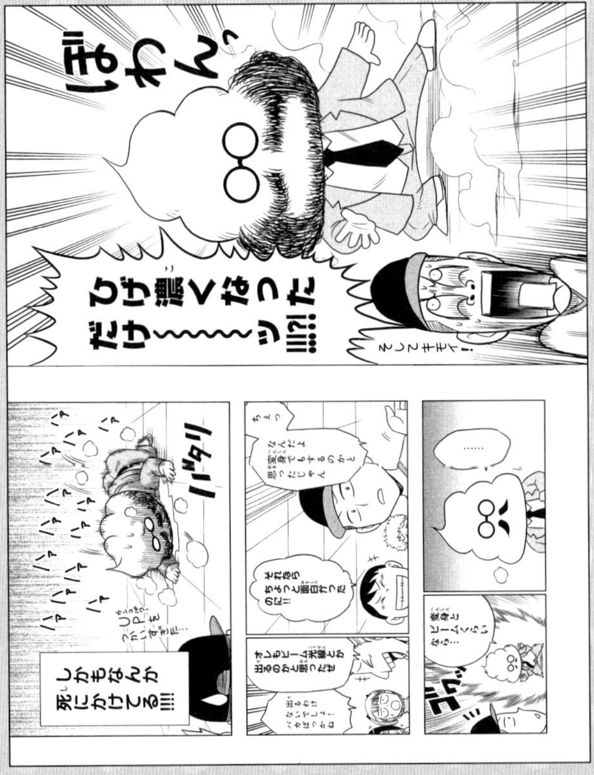

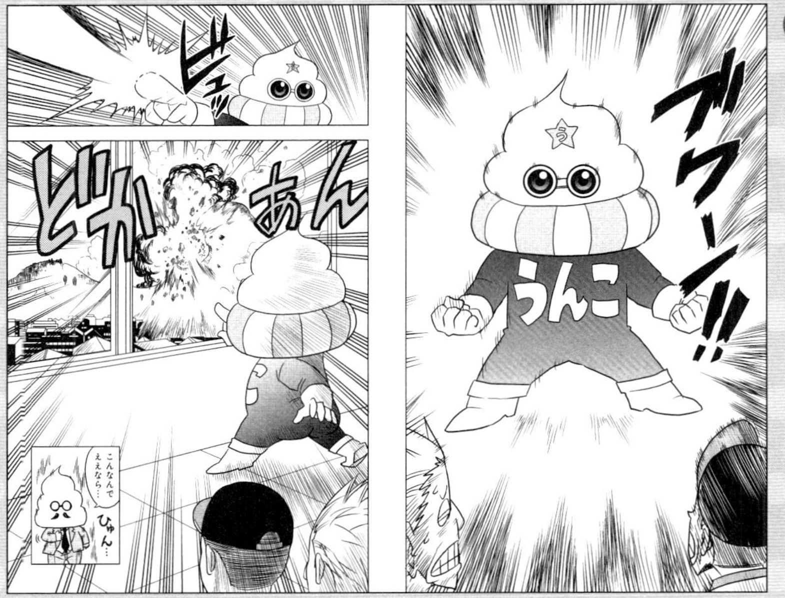

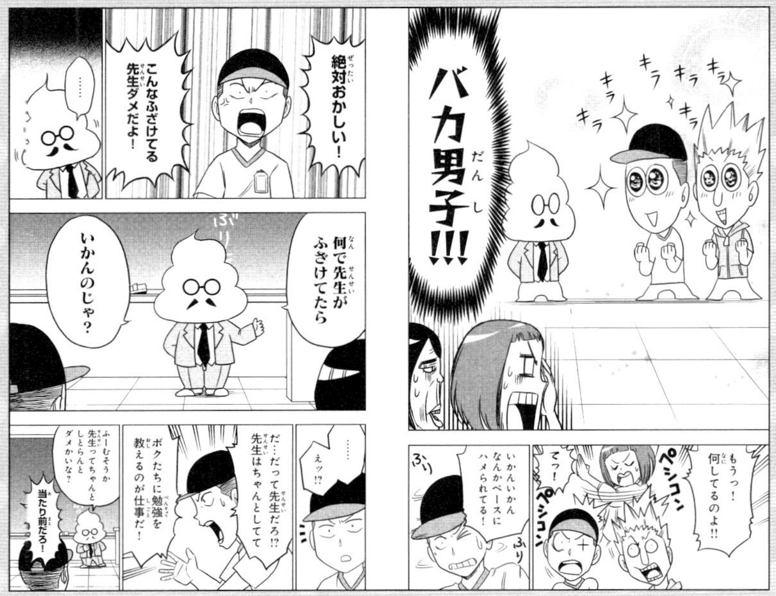

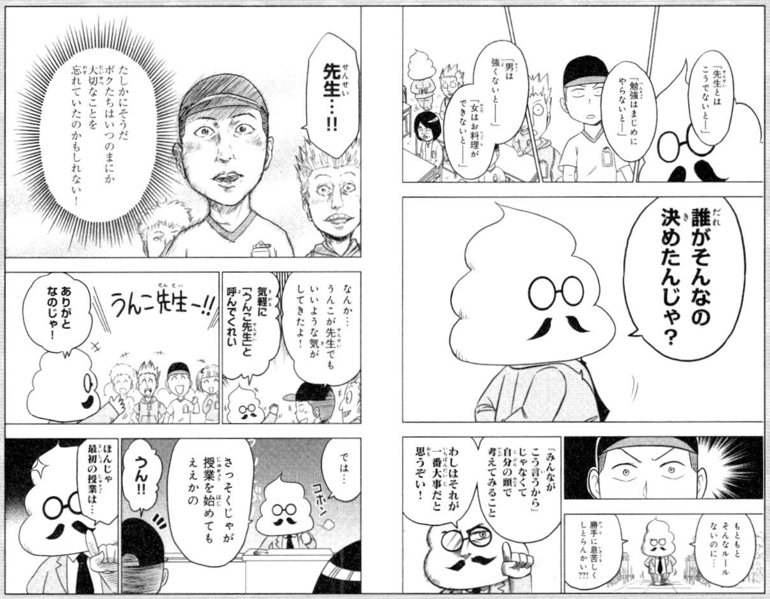

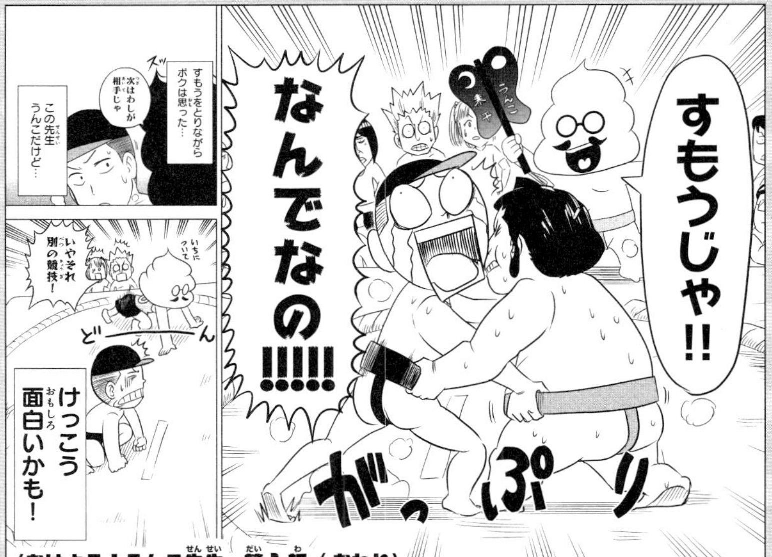

〈おはよう！うんこ先生・第1話／おわり〉

UNKO COMICS

発売中!!!

近くに本屋が
なければ
QRコードから
アクセス!

走れ!ウンコフォー

浦田カズヒロ　定価（本体505円＋税）

ISBN 978-4-86651-456-7

ISBN 978-4-86651-280-8

おはよう!うんこ先生

原作：古屋雄作　漫画：水野輝昭　定価（本体505円＋税）

ISBN 978-4-86651-279-2

ISBN 978-4-86651-455-0

今日からうんこが担任!?
どうなる僕らの6年2組!
シリーズ900万部!
「うんこドリル」の次は!
コミックス創刊!!

原作：古屋雄作
漫画：水野輝昭

18の「いいこと」の
うらにうんこ先生の笑顔がすけて見える!!漫画

▼走れ!ウンコフォー

▼おはよう!うんこ先生

うんこドリル セット 購入者 限定！

学習に役立つ 特別 **ふろく** 付き

シール付 うんこノート

↓ ご購入は各QRコードから ↓

	小学**1**年生	小学**2**年生	小学**3**年生
漢字セット	漢字セット **2冊** かん字/かん字もんだいしゅう編	漢字セット **2冊** かん字/かん字もんだいしゅう編	漢字セット **2冊** 漢字/漢字問題集編
算数セット	算数セット **3冊** たしざん/ひきざん 文しょうだい	算数セット **4冊** たし算/ひき算/かけ算 文しょうだい	算数セット **4冊** たし算・ひき算/かけ算 わり算/文章題
オールインワンセット ／全部入り！＼	オールインワンセット **7冊** かん字/かん字もんだいしゅう編 たし算/ひき算/文しょうだい アルファベット・ローマ字/英単語	オールインワンセット **8冊** かん字/かん字もんだいしゅう編 たし算/ひき算/かけ算/文しょうだい アルファベット・ローマ字/英単語	オールインワンセット **8冊** 漢字/漢字問題集編/たし算・ひき算 かけ算/わり算/文章題 アルファベット・ローマ字/英単語

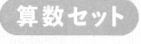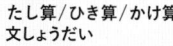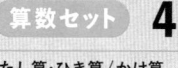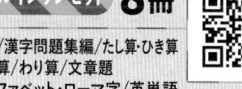

※セットによって特別ふろくの内容は異なります。

遊び感覚だから続けられる!

日本一楽しい学習アプリ

うんこゼミ

国語 算数 理科 社会 ＋ 英語 教養

れしもさっそく
やってみるぞい!

無料
体験版

わからなくても正解できる!

スタート!

まずはトライ! あれ?
この問題、なんとなくわかる!

答えは最初と同じ、でも少しだけなやむ問題

すごい! 練習は全問正解!
自信がついて、レベルもアップ!

実は3回目! だからこそわかる問題!

さあ本番、偉人と対決! この
問題… 答えはすでに学習済み!

復習も楽しくちょう戦!
もう完ペキ!

もりもり遊んで力をつけて、さあ次のステージへ!

単元にそった学習

確認テスト

復習と集中力の特訓

復習と成長の確認

がんばると
もらえる
うんこグッズも!

くわしい内容や
費用はこちらから

小学3年生〜6年生対象

※本サービスは予告なく変更する場合がございます。